怪客入侵大作戰

—人體城市的交通中心—

心臟‧神經‧肌肉

顧問　張金堅

作者　施賢琴、張馨文、羅國盛
　　　徐明洸、林伯儒、蘇大成、吳明修
　　　何子昌、陳羿貞、王莉芳、蔡宜蓉

插圖　蔡兆倫、黃美玉

目錄

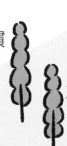
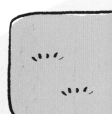

透過城市故事，
認識自己的身體

　　我們都知道，身體各器官、組織都有特定的構造和功能，對小朋友來說，雖然在學校課堂上有相關課程，但往往一知半解，無法真正了解人體的全貌。

　　為了幫助小朋友認識自己的身體，建立正確的健康管理觀念，我們認為有必要推出一套有關健康知識系列的書籍，向小朋友解說人體的構造和功能。於是，由我邀集臺大醫院多位主治醫師，聯合執筆，從各自專精的醫學領域向小朋友解說身體各部位。同時，也邀請到兒童廣播節目資深主持人施賢琴小姐、張馨文小姐和羅國盛先生一起合作，經過大家多次會議討論，共同創造了「巴第市」這個城市故事。

　　「巴第」與英文「body」同音，意謂人體有如城市，各有不同部門和系統，彼此既分工又合作，讓整個城市運作正常。全書從器官談起，再談到負責輸送血液的心血管系統，以及呼吸、消化、免疫和神經系統等，都用最淺顯易懂的文字詳細描述，並透過巴第市生動的市政運作故事比擬解說，像是巴市長、大腦市政府、白血球警察、細菌怪客、眼睛觀測站和腎臟環保回收場等，對照豐富翔實的圖畫，使小朋友很容易閱讀和了解。

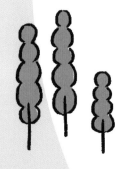

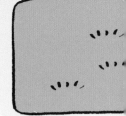

　　巴第市系列共有三冊，分別探討人體運作的三大系統。第一冊談人體的調節中心，解說大腦、五官和皮膚等；第二冊談人體的營運中心，介紹口腔、消化和排泄，幫助小朋友理解食物由口腔進入，到消化、排泄的過程；第三冊談人體的交通中心，也就是心臟、神經和肌肉，介紹輸送血液的血管、傳導訊息的神經和負責人體運動的肌肉等。

　　透過系統性的介紹，讓小朋友對自己的身體有全面性的認識和了解，也體會到身體的各個器官或組織，能夠互相協調，完成各項生理功能以維繫個體的生命，非常奧妙與偉大；也對造物者所做的每項精心安排，感到非常敬佩。

　　這套書能夠順利出版，感謝八位醫生的大力幫忙，他們在行醫忙碌之餘，還抽空執筆，真是難能可貴。另外，感謝製作兒童健康節目非常有經驗的施賢琴小姐創意撰稿，使內容更加生動活潑，以及張至寧小姐的企畫統籌。希望小朋友看了這套書，除了了解人體的奧祕外，也更懂得珍惜自己的生命。

顧問 **張金堅**
臺灣大學醫學院榮譽教授
乳癌防治基金會董事長

用巴第市為孩子
種下健康的第一桶金

　　長年在國小任教，「健康教育」是我非常重視的科目，尤其孩子的視力、牙齒和姿勢等，小小改變大大不同。姿勢不良，導致近視視差嚴重，後來引發頭痛等，健康不過關，學習處處是困難，怎麼學習？

　　但長期的教學也發現，一味的禁止、責罵、提醒，效果有限，而最有用的則是引發孩子興趣，了解身體脈絡，知道後果影響，從根本做起，讓孩子了解自己的身體、知道運轉機制進而好好使用身體、清潔、保護，才是長遠之道。

　　欣見親子天下出版的「巴第市系列」，將整個人體比喻成一個城市系統，大腦當「市長」、五官是「雷達和塔臺」、白血球是「警察」等，用生動有趣，一看即理解的比喻，讓孩子從熟悉的舊經驗，馬上可以理解個的器官、系統功用，在三集書籍中，36 個有趣的故事，在人體遨遊，還自然而然達成科學探索、科普閱讀。

　　讀完這個系列，除了對於主要器官有大概認識。孩子最常見的嘴破、齲齒、肚子痛、拉肚子、消化不良、飲食均衡、正常定量細菌、運動的議題探索，也都容納其中。更值得讚賞的是，這套書是由國內專科醫師和兒童節目主持人主筆，橫跨臺大醫院婦產部、內科部、眼科部、牙科部、皮膚部、小兒部等 8 位不同專業的主治醫師撰稿，不僅專業，也沒有名詞銜接等問題。

　　健康第一，讓孩子平安健康是父母第一的想望，那麼從這套書認識、學習身體運作開始，從小就用知識為孩子種下健康的第一桶金吧！

文 **林怡辰**

資深國小教師、教育部 101 年度閱讀磐石個人獎得主

此生必遊的
人體城市——「巴第市」

　　你覺得全球最值得造訪的城市是哪一個？是浪漫之都「巴」黎，還是藝術聖地「巴」塞隆納？它們都是不容錯過的城市，但由金鐘獎兒童節目主持人與臺大醫院群醫所建構的巴第市，更是此生必遊的城市。

　　「巴第市」(body 諧音) 如同臺北市共分 12 個行政區，由巴市長領著大腦市政府與心臟血管區、呼吸區、上消化區等……12 區的行政團隊，積極營造出一個「健康・活力」的城市。

　　在首集中，你可以進入城市的**「調節中心」**，了解大腦、五官、皮膚這個戰無不克的團隊專業與精密的分工，以及每個工作站的結構與工作模式。第二集則帶領你暢遊**「營運中心」**，遊覽口腔、消化、排泄等園區，參觀號稱「6 公尺」長的小腸營養物流中心，聽聽他們招募不到新員工的苦楚，也可幫助巴市長揪出「細菌怪客」的祕密基地，遏止它們破壞城市的野心。若想熟悉城市的**「交通中心」**，步入第三集，就能認識心臟、神經、肌肉合作無間的供應與傳輸系統，一睹長達 10 到 15 萬公里的血管運河；一探心臟與肺臟這場「金頭腦」之爭的來龍去脈。

　　在「巴第市」你可以藉由情節起伏的故事，鉅細靡遺的了解「body」這個城市；藉助精細的解析圖與插圖透視人體的結構與運作；閱讀「巴第市的旅遊指南」獲得實用的保健守則與營養常識；更能在「小學生市政信箱」中一窺孩子們對於健康的迷思或是似是而非的保健常識，順道聽一聽「巴市長」專業與睿智的回覆。

文 **廖淑霞**

私立再興小學研究教師

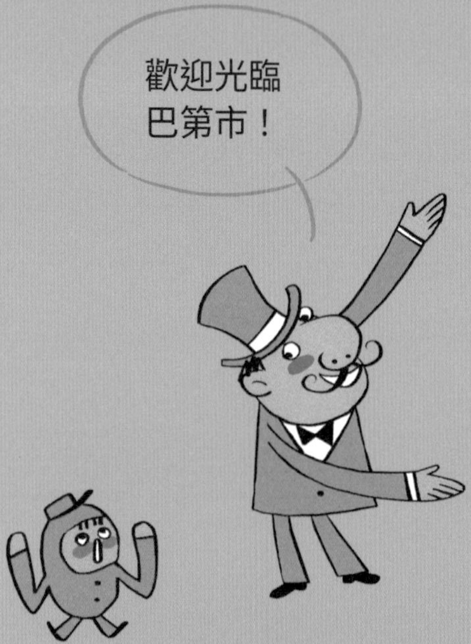
歡迎光臨
巴第市！

第一章

巴第市的
親善大使

紅血球與氧氣輸送

值日醫生：蘇大成叔叔

「到底誰是巴第市的親善大使？」這個議題在其他人體城市引起熱烈討論。巴第市和樂融融的氣氛，是不少城市研究的重點，一個城市想達到這樣的目標，一位稱職的親善大使，絕對少不了。

「哈！怎麼可能會是我！」當大家紛紛揣測答案是巴市長時，他卻猛搖頭。原來，巴第市的親善大使另有其人，他就是掌管紅血球輸送船的紅老闆。

紅血球輸送船在全市分送氧氣。當它從肺臟空氣處理中心獲得氧氣後，便利用血管運河在巴第市各處穿梭運送，提供各單位工

作的需要。同時，紅血球輸送船也會將各器官部門運作後產生的廢物如二氧化碳，帶回肺臟空氣處理中心，再經由呼吸區排出巴第市。正常的情況下，一座人體城市內擁有許多艘紅血球輸送船，每一艘的造形都是中間凹、邊緣厚，彈性佳的圓盤型，這樣的造形也讓載送氧氣的功能發揮最大效益。

　　由於紅血球輸送船在巴第市內各器官部門運送氧氣，二十四小時不停工，而且工作配合度超高，因此，紅老闆和大家建立了不錯

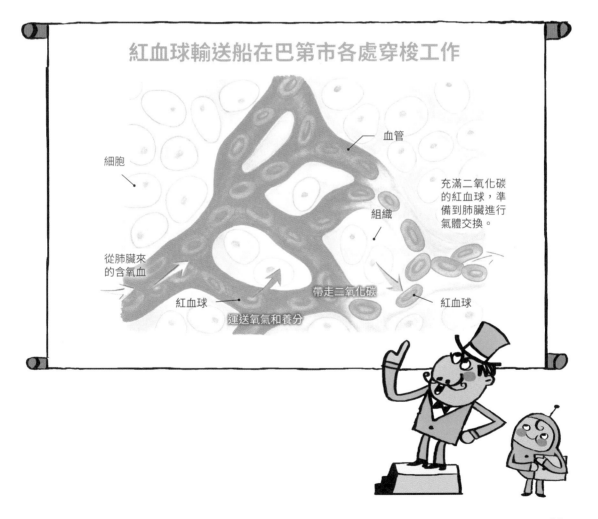

紅血球輸送船在巴第市各處穿梭工作

細胞

血管

組織

充滿二氧化碳的紅血球，準備到肺臟進行氣體交換。

從肺臟來的含氧血

紅血球

運送氧氣和養分

帶走二氧化碳

紅血球

的關係。當糾紛發

生時，紅老闆也總是自告

奮勇擔任調停的工作，所以，

選派巴第市的親善大使時，他當然是

不二人選。

最近不知道什麼緣故，市民的工作效率不

像以往亮眼。身為巴第市的親善大使，向來笑臉

迎人的紅老闆也變得眉頭深鎖。

「發生什麼事？」在巴市長的追問之下，才知道

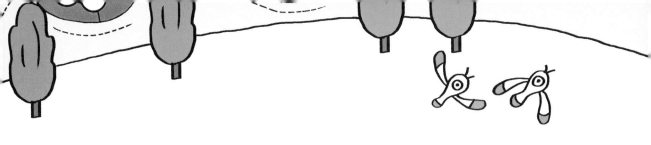

原來心臟能源傳送中心和肺臟空氣處理中心，對於紅老闆團隊近日的工作效率不大滿意。

「唉！我們盡力了！輸送船的數量不足，也沒辦法呀！」紅老闆無奈的說。

由於紅血球輸送船的數量不足，導致心臟能源傳送中心和肺臟空氣處理中心得加倍工作，以免無法運送足夠的氧氣到巴第市各處。如果巴第市的氧氣量不足，輕則市民的工作效率不彰，重則全市都將陷入危機。

一般來說，紅血球輸送船的工作期限只有 120 天，
每天都會有新的紅血球輸送船來汰換舊的輸送船，
應該不至於發生數量不足的情況。
於是，巴市長展開地毯式調查，
結果發現流經胃食物加工

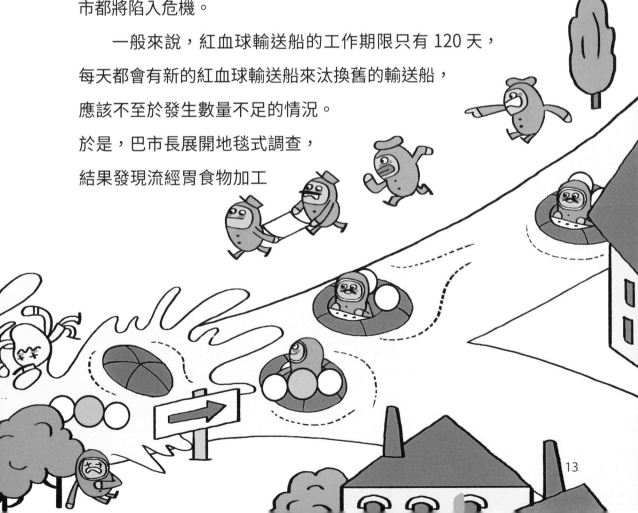

廠的血管運河有受損，使得運河上的部分紅血球輸送船也因此流失。一段時間下來，紅血球輸送船的數量就出現不足的情況了。

「不能再這麼下去！」巴市長立刻下令處理血管運河破損的危機，同時也要求口腔食物進口中心加強運送製造紅血球輸送船的原料——肉類、紅黃色蔬菜和紅色水果等含鐵質的食物，儘快補足輸送船的數量。

於是，紅老闆又恢復了以往的笑容。身為親善大使，除了協助大夥兒和睦相處外，讓巴第市重新恢復活力，也是目前重要的工作目標呢！

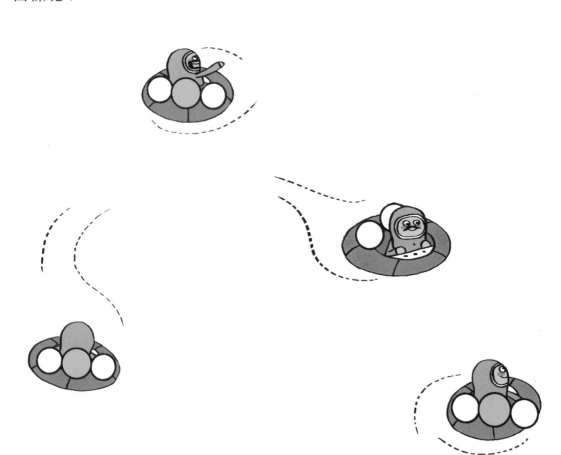

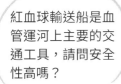

紅血球輸送船是血管運河上主要的交通工具,請問安全性高嗎?

請放心!我們有最嚴格的品管和淘汰機制,輸送船不足時,我們還會尋求支援,補足數量,所以絕對不會發生超載的情況。

紅血球輸送船的大力丸

1 肉類:牛肉、豬肉等。	**2** 紅色和黃色蔬菜:紅豆、紅莧菜、紅鳳菜、南瓜、金針等。	**3** 紅色水果:葡萄、櫻桃、草莓等。

嚴格把關 安全無虞,Happy Body Go Go Go

親愛的巴市長：

您好！我是小勇士阿康，我覺得平常流點血，沒什麼大不了，不過，聽說流太多血，對生命會有威脅。請問身體流多少血，才會有危險呢？

阿康：

流點血的確對身體不會造成大影響，不過，如果大量失血，那情況可不同了。血液的總量，大約占人體重的 1/13，以一個 40 公斤的小朋友而言，大約有 3 公斤到 4 公斤的血液量，人體可以允許 15%到 30%的血液流失，如果超過這個數量，就可能導致休克，甚至有生命危險。

如果是慢性出血，慢慢補充水分和營養，可以讓身體製造血液，補足不夠的血量。但是，如果是急性出血，就需要立即輸血，以免失血過多，造成危險。輸血時，以輸全血為優先考量，因為其中包含所有的營養成分。所謂全血，就是捐血者直接捐的血，沒有經過任何處理。

通常，捐血中心所儲存的血，經過一段時間後，會被分類以利長期保存。工作人員會將血液分為濃縮紅血球、濃縮血小板和冷凍血漿。這些經過分類的血液，在使用時，會視病人的情況而決定。

阿康，身為一名小勇士，不僅要有勇氣，也要有保護自己的智慧，千萬別讓自己輕易受傷流血喔！

不輕易讓自己流血的巴市長　敬上

第二章

工作大寶典

動脈、靜脈和微血管

值日醫生：徐明洸叔叔

經過好幾個夜晚的挑燈夜戰，阿強祕書終於完成巴市長交付的任務。「《工作大寶典》絕對能讓器官部門的運作及協調更順暢！」

為了讓工作人員彼此溝通無誤，巴市長要阿強祕書整理各器官的工作項目。當大夥兒收到《工作大寶典》後，興奮的

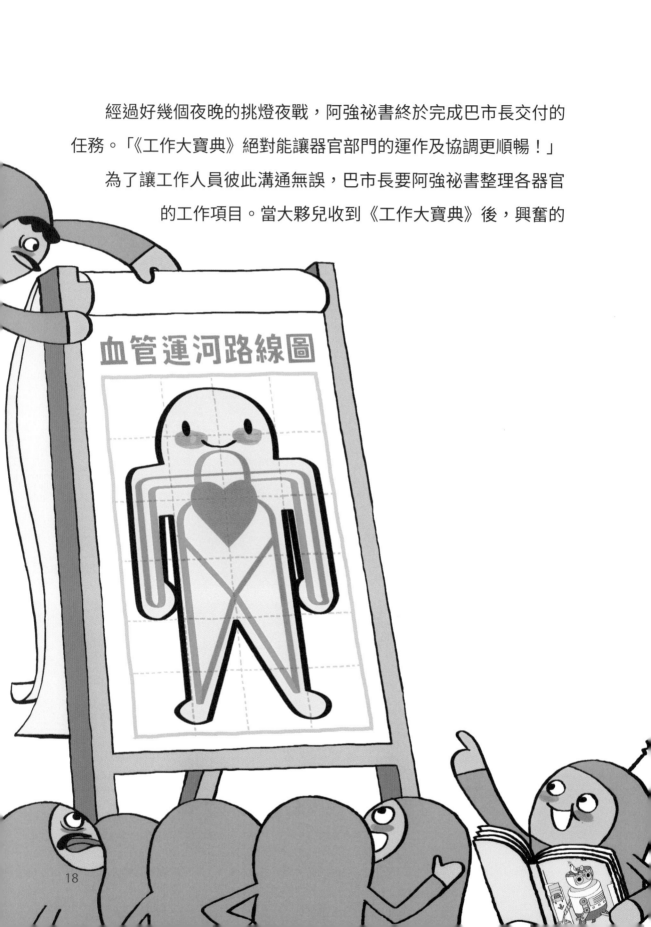

血管運河路線圖

翻閱，許多不為人知的小祕密也正式曝光。

其中，最令人感興趣的，就是血液系統的祕密。由於市民們對於分送氧氣的紅血球輸送船跑遍整座巴第市，卻從來不曾發生過迷路的狀況相當好奇，透過《工作大寶典》，紅血球輸送船不會走錯路的祕密終於揭曉了。

紅血球輸送船透過血管運河走遍巴第市的大小角落。如果將所有的血管運河連結起來，長度可達 10 到 15 萬公里。這些血管運河

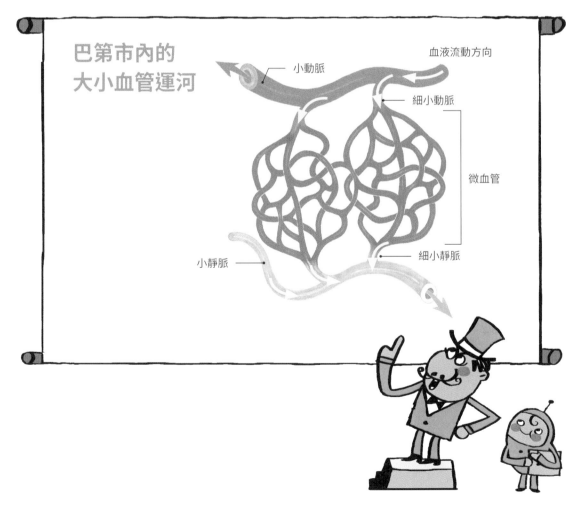

巴第市內的
大小血管運河

血液流動方向

小動脈

細小動脈

微血管

細小靜脈

小靜脈

依照功能和大小，分別稱為動脈、靜脈和微血管。「心臟能源傳送中心」24 小時強而有力的運作，是紅血球輸送船能順利工作的幕後推手。

　　從心臟能源傳送中心出發的血管運河稱為「動脈」，由於血液河水的流量較大，承受的壓力也較大，所以，河道較寬廣，建築材料也較有彈性且強韌。至於由巴第市各處流回心臟能源傳送中心的血管運河則是靜脈，由於血流的壓力小，因此運河建材也比較薄。至於血液河水為什麼會乖乖的流回心臟呢？這是因為靜脈有許多關卡，稱為「靜脈竇」，可以讓血液無法逆流。另外，距離大腦市政府較遠的小腿肚區，靠著肌肉的收縮作用，也會讓血液河水能回流到心臟能源傳送中心。

　　巴第市內的養分、氣體和廢物全有賴血管運河的運送。當巴第市市內氧氣量不足時，心臟能源傳送中心會加強運作，增加血液河

水的行進速度，好讓紅血球輸送船能儘快前往有需要的工作部門，補足所需的氧氣量。

《工作大寶典》一推出後，大獲好評，不少人體城市紛紛來信詢問巴市長，該如何編寫。巴市長相當讚許阿強祕書這回的表現，本來，他計畫送個大獎勵給阿強祕書的，不料，突然接到來自姊妹市的緊急電報，獎勵被迫暫時延後。

「口腔食物進口中心即日起請減少脂肪類食物的進口數量，小心麻煩找上門！」簡短的幾個字，搞得巴市長心神不寧。「難道……有細菌怪客潛伏在其中嗎？」

為了搞清楚電報的真正含意，阿強祕書接下了調查的工作，查證後，才發現根本沒什麼細菌怪客，全是因為姊妹市搜尋到一份珍貴的資料，所以才會有這封善意的提醒。

原來，過多的脂肪類食物容易造成血管運河硬化或阻塞。這麼一來，血管運河的河道就會變窄，養分、氣體和廢物的運送就無法順利進行，許多器官部門的運作也會因此受到影響。

「我們真該感謝姊妹市的用心！」除了姊妹市市長熱心的態度讓巴市長感動外，阿強祕書任勞任怨的工作態度，也讓巴市長頻頻讚許，現在，是獎勵的好時機了。

「阿強祕書是最優秀的左右手！」亮澄澄的獎牌，斗大的幾個字讓阿強祕書備感光榮。其實，能擁有這麼傑出的助手，巴市長也是既開心又榮耀呢！

親愛的巴市長：

您好！我是喜歡追根究柢的阿奇，有人打針時會找不到血管，是不是因為他的血管太細的緣故？請問，人體的血管和水管一樣有大小的分別嗎？

市 長 信 箱

阿奇：

你的推斷很正常喔！通常打針找不到血管，原因之一就是血管太細、分布太廣。人體的血管主要分為動脈、靜脈和微血管三種。動脈接受心臟輸出的大量血液，所以管壁很強韌。在構造上，一般動脈管壁可分為內、中、外三層。內層主要是內皮細胞，保護血液能夠平穩的在血管內流動；中層是血管肌肉、彈性纖維和神經纖維，負責調控血管的擴張、收縮和維持血管的強度；外層則是負責保護血管及對外聯絡的組織。

至於血管有多粗呢？分布到器官的動脈，直徑大約是 0.3 公厘到 1 公分，相當於細鉛筆心的粗細到小朋友小指頭的寬度。而連接動脈和靜脈的微血管的直徑更小，大約是 8 到 10 微米（1 微米相當於 0.0001 公分），只有在顯微鏡下才看得到喔！

微血管的管壁很薄，某些微血管甚至只有一層內皮細胞，直徑只比一個紅血球大一些，所以一次只能允許一個紅血球通過。就是如此精細的設計，氧氣才能被送到各器官組織，同時被充分利用。

阿奇，請繼續保持大膽推理，小心求證的態度，相信你一定會發現許多生活中的小祕密！

知道超多祕密的巴市長　敬上

第三章

超級ＰＫ賽

心臟構造

值日醫生：蘇大成叔叔

「請接受我們的挑戰！」望著桌上的卡片，巴市長陷入沉思。

巴第市優異的表現是許多人體城市追逐的目標，「如果能擊敗巴第市，那將會是多麼大的光榮啊！」這是大家共同的心願。最近，巴第市接到來自鄰近人體城市的戰帖，他們希望和巴第市比一比城市的機動力。

「要比就比，誰怕誰啊！」阿強祕書充滿鬥志的說。

為了保持好名聲，巴市長最後決定接受挑戰。不過，面對耗時耗力的機動力競賽，巴市長有些擔心心臟能源傳送中心無法及時運送足量的氧氣。

「請放心！我們沒問題的！」工作人員拍胸脯保證，巴市長這才放寬了心。

氧氣是各個器官部門運作的重要元素，心臟能源傳送中心藉由

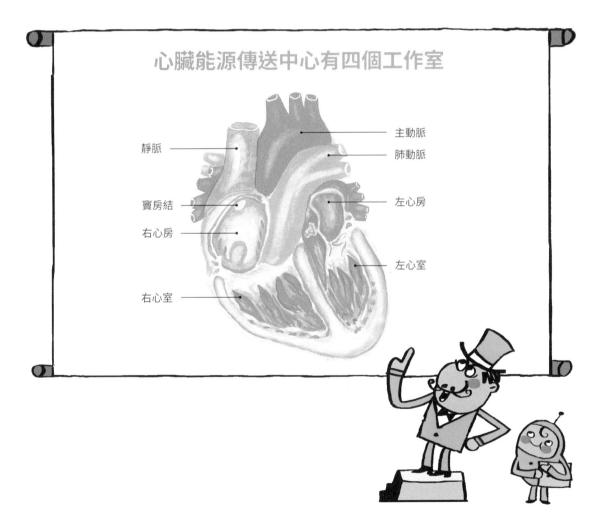

心臟能源傳送中心有四個工作室

靜脈

主動脈
肺動脈

竇房結
右心房

左心房

左心室

右心室

紅血球輸送船，將氧氣送到巴第市各處，一旦產生問題，城市將陷入極危險狀態。所以，心臟能源傳送中心日日夜夜、分分秒秒不停工。

心臟能源傳送中心有四個工作室，分別是左心房、左心室、右心房、右心室。當巴第市需要更多血液和氧氣時，心臟能源傳送中心就會加速運作；而當血液和氧氣的需要量減少時，心臟能源傳送中心的工作速率也會減緩。

為了有好表現，市民們練習再練習，同時，巴市長也請口腔食物進口中心加強運送營養食品。所有的努力，全是為了維護巴第市的好聲譽。

「奇怪，比賽還沒開始，心臟能源傳送中心怎麼就調快氧氣運送的速度呢？」比賽前一天，掌管紅血球輸送船的紅老闆察覺到心臟能源傳送中心有異常狀況。這個發現非同小可，巴市長立刻下令調查。

位在右心房的「竇房結」，是控制心臟能源傳送中心規律運作的節拍器。當它下達規律運作的指令後，心房會以「收縮方式」運作，之後，指令會再傳到左心室和右心室，這兩個工作室收到指令後，同樣會以「收縮方式」運作。當指令的傳導過程出現問題，心臟能源傳送中心就會出現運作速率過快或過慢的不規律情況。此外，如果過多的藥物、咖啡或茶等食物送進口腔食物進口中心，也可能改變

心臟能源傳送中心工作的速率。

「這個緊要關頭，千萬不能有問題！」巴市長內心不停禱告。還好，調查結果顯示，心臟能源傳送中心一切正常，問題出在口腔食物進口中心送入的大量咖啡。

原來，大嘴站長想藉咖啡提振市民的精神，沒想到弄巧成拙，反而造成恐慌。「算了！沒事就好，準備明天的挑戰吧！」巴市長知道大嘴站長是一番好意，所以也不忍心苛責。

就在市民養精蓄銳備戰時，卻傳出挑戰城市遭受細菌怪客攻擊的消息。「看來，只好擇期再比賽了！」

雖然這回沒機會展現訓練的成果，不過，密集訓練讓各個器官部門更團結，協調度更高，也算是豐碩的收穫呢！

巴第市旅遊指南

當然不行，我們可不想過勞！雖然巴第市有幾個部門是 24 小時工作，但大部分還是需要適當休息的。

巴第市為什麼不能 24 小時開放參觀？

二十四小時工作的部門

1 心臟

2 肺臟

休息是為了走更長遠的路，Happy Body Go Go Go

31

親愛的巴市長：
您好！我是超愛跑步的小明，每回跑完步，我總是氣喘吁吁，請問為什麼會這樣？是不是我的心臟有問題？

愛跑步的小明：

別緊張！你的心臟很正常，不只是你，大部分的人運動後，呼吸都會變得急促，而且還會明顯感到心跳變快了。

心跳變快是因為運動時，人體需要消耗大量的氧氣和養分，排出二氧化碳和代謝物，因此，心臟的血液輸出量會增加，以便有更多的血液來運送氧氣，並把細胞組織產生的二氧化碳和代謝物等廢物帶走。於是心跳的次數就會變多，血壓也會上升，以促進身體的新陳代謝。

但是在睡覺時，由於身體處於休息的狀態，新陳代謝率降低，心臟血液的輸出量減少，相對的，心跳就會變慢，血壓也會降低了！

小明，喜歡運動是一件好事，要繼續保持這個好習慣，別忘了也可以找爸爸、媽媽、同學一起去跑步喔！

希望大家都愛運動的巴市長　敬上

第四章

金頭腦選拔賽

血液循環系統

值日醫生：蘇大成叔叔

　　一年一度的「金頭腦」選拔賽開跑囉!

　　每年此時，巴第市的市民全引頸期盼，準備迎接新的「金頭腦」得主。能獲選為「金頭腦」的器官部門，不僅工作表現優異，連管理功力也得一級棒才行!今年有兩組器官部門報名角逐，分別是心臟能源傳送中心和肺臟空氣處理中心。

　　「這兩組參賽者都是 24 小時不停工，工作表現沒話說，不過，誰的管理能力比較好呢?」對於今年獎落誰家，各式各樣的預測紛紛出爐，不過，不到最後關頭，誰是贏家，沒人敢確定。

為了爭取更多的選票，兩個部門的工作人員每天拚命的拉票，雖然各有擁護者，但卻有更多市民不知道該如何投下神聖的一票。

　　「唉……該怎麼辦呢？」巴市長苦惱著該如何協助市民們做出正確的抉擇，「只有澈底的了解，才不會糊塗投錯票！」阿強祕書一語驚醒夢中人，巴市長決定辦一場說明會，好讓大家對這兩組參選者有更多的認識。

　　想登上「金頭腦」寶座，首要條件就是要擁有靈活和清晰的管理能力。「肺臟空氣處理中心負責全市的氣體交換，這麼困難的工作，沒有兩把刷子，根本就寸步難行！」「不！說到工作的困難度，心臟能源傳送中心的任務可複雜多了！」心臟能源傳送中心的工作人員，不甘示弱的反駁肺臟空氣處理中心的說法，兩組人馬就這麼一來一往的脣槍舌劍。

　　血管運河是人體城市非常重要的交通運輸系統。巴第市所需的養分和氧氣，全經由血管運河中的血液河水，不間斷的循環運送，運作才能正常進行。心臟能源傳送中心就是這項循環系統不停工的幕後功臣。

　　血液河水循環系統可分為兩條循環路線，分別稱為「體循環」和「肺循環」。體循環的循環路線，是在心臟能源傳送中心和其他部門之間。血液河水從心臟能源傳送中心的工作室「左心房」出發，攜帶了氧氣和養分後，逐一流向「左心室」、「主動脈」、「動脈」、「小動脈」和「微血管」，遍布全市各處。

同時，血液河水也把全市各處的二氧化碳、廢物和養分，帶回小靜脈、大靜脈、心臟能源傳送中心的右心房、右心室，最後回到肺臟空氣處理中心的肺動脈。

這時，血液河水的另一條循環路線「肺循環」便啟動了。肺循環的循環路線，是在心臟能源傳送中心和肺臟空氣處理中心之間。血液河水在全市各處載滿二氧化碳、廢物和養分後，最後回到肺臟空氣處理中心，進行氣體交換工作，也就是卸除二氧化碳和廢物，承載氧氣。

之後，充滿大量氧氣和養分的血液河水，便再從肺臟空氣處理中心的肺靜脈，流入心臟能源傳送中心的左心房，開始另一回新的

體循環。

　　原來五五波的戰況，在說明會後有了顯著的改變。心臟能源傳送中心有條不紊的管理能力，讓市民們鼓掌叫好。看來，在工作複雜度和管理能力上，心臟能源傳送中心略勝一籌呢！

　　最後不出所料，心臟能源傳送中心果然奪下了今年「金頭腦」的殊榮。

　　「真不公平，我們工作表現也不差呀！」肺臟空氣處理中心的工作人員對於投票的結果不太甘心。不過，巴市長諄諄告誡市民，對於任何結果都該保有君子風度，他勉勵肺臟空氣處理中心的工作人員明年再接再厲，捲土重來，展現運動家不服輸的精神！

人體城市的運輸系統

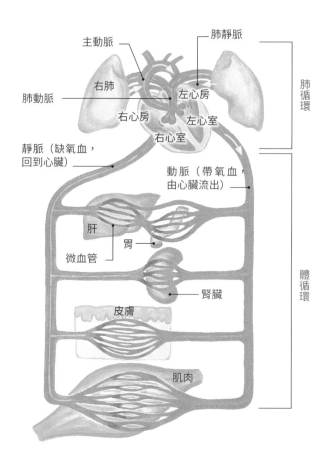

主動脈　肺靜脈

右肺　左心房

肺動脈　右心房　左心室

右心室

靜脈（缺氧血，回到心臟）

動脈（帶氧血，由心臟流出）

肝

微血管　胃

腎臟

皮膚

肌肉

肺循環

體循環

血液循環可分為兩條路線。「肺循環」的循環路線，是缺氧的血液從全身各處回到肺臟後，進行氣體交換，獲得氧氣，最後流入心臟的左心房。「體循環」則是帶氧的血液由左心房出發，流向左心室，再遍布全身。

特色奇景　拍照別錯過，Happy Body Go Go Go

親愛的巴市長：

您好！我是個子嬌小的圓圓，請問，身高不高的人，血管的長度是不是會比較短？人體內的血管加起來到底有多長？

個子嬌小的圓圓：

相信你一定知道人體全身的血管包括了動脈、靜脈和微血管，這些血管長度加起來大約有 96,000 公里長，可以繞地球兩圈半，很驚人吧！其中加起來長度最長的血管要算是微血管了，因為它遍布全身各器官，包括皮膚表面都有無數的微血管。微血管的管徑非常小，直徑只有 5 到 20 微米（1 微米相當於 0.0001 公分）。

人體的血管長度也和身高體重有關。越高越重的小朋友，全身的血管就越長，個子不高的人，血管長度相對來說也比較短。

雖然個子小，血管短，但人小志氣高，只要認真努力，一定也能做出了不起的大事喔！

永遠有志氣的巴市長　敬上

第五章

捉鬼總動員

心臟瓣膜

值日醫生：蘇大成叔叔

自從開設了市長信箱後，每天收到的信件就如同潮水般湧進。「真沒想到，大家對市政有這麼多的建議和疑問！」為了處理市民們的問題，巴市長每天得晚兩個小時下班。當初為了加強與市民互動，設立了巴市長信箱，雖然工作量大增，但巴市長非常珍惜這個難得的交流機會。

「為什麼心臟能源傳送中心工作時老是製造噪音？快被吵死了！」「能不能請能源傳送中心安靜一點？」接二連三針對心臟能源傳送中心的抱怨信，引起了巴市長的重視。

而心臟能源傳送中心面對大家的指責，也覺得十分委屈，因此，巴市長決定挺身而出，為心臟能源傳送中心說句公道話。

　　心臟能源傳送中心有四個相連的工作室，分別是左心房、左心室、右心房、右心室，而心房的位置在心室的上方。

　　當心房和心室進行「收縮」工作時，血液河水就會從心房流向心室，再繼續流向巴第市各部門，將氧氣和養分傳送出去。而在心房和心室之間設有一個閘門，稱為「瓣膜」，當血液河水從心房流

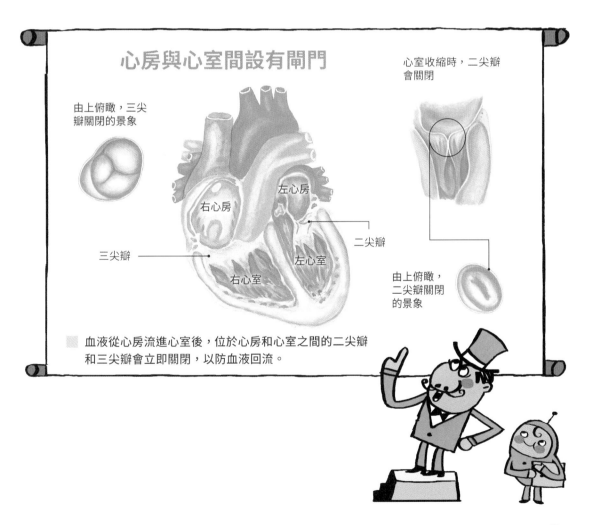

心房與心室間設有閘門

由上俯瞰，三尖瓣關閉的景象

心室收縮時，二尖瓣會關閉

右心房

左心房

三尖瓣

二尖瓣

左心室

右心室

由上俯瞰，二尖瓣關閉的景象

■ 血液從心房流進心室後，位於心房和心室之間的二尖瓣和三尖瓣會立即關閉，以防血液回流。

進心室後，瓣膜就會立即關閉，避免血液河水從心室回流，無法達成任務。

位於左心房和左心室之間的瓣膜，稱為「二尖瓣」；在右心房和右心室之間的瓣膜，稱為「三尖瓣」。心臟能源傳送中心工作時所發出的噗通噗通聲，就是瓣膜開開關關的聲音。

原來，大家都誤會心臟能源傳送中心了，運作時發出聲音全是不得已的。「就把那規則的聲音，當成是巴第市能正常運作的幸福之聲吧！」為了巴第市能正常運作，大家只好睜一隻眼，閉一隻眼，多多忍耐了。

市民的誤會剛釐清，姊妹市的心臟能源傳送中心竟然出現了不明的聲響。「該不會又是誤會一場吧？」巴市長心裡猜測，不過，姊妹市的市長卻斬釘截鐵的表示，那聲音絕不是正常工作時產生的。由於一直找不出原因，所以，姊妹市鬧鬼的傳聞已經傳遍各個人體城市。

「這怎麼可能？我們得幫姊妹市搞清楚這件事！」巴市長和阿強祕書決定成立抓「鬼」

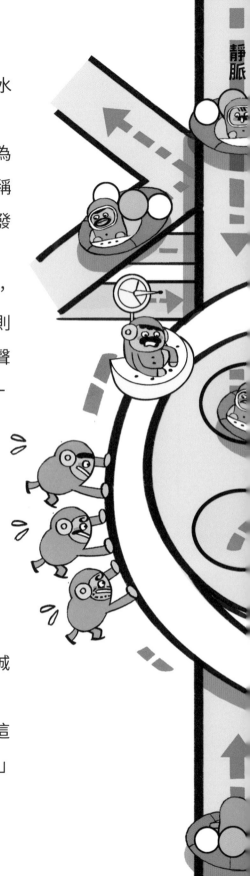
靜脈

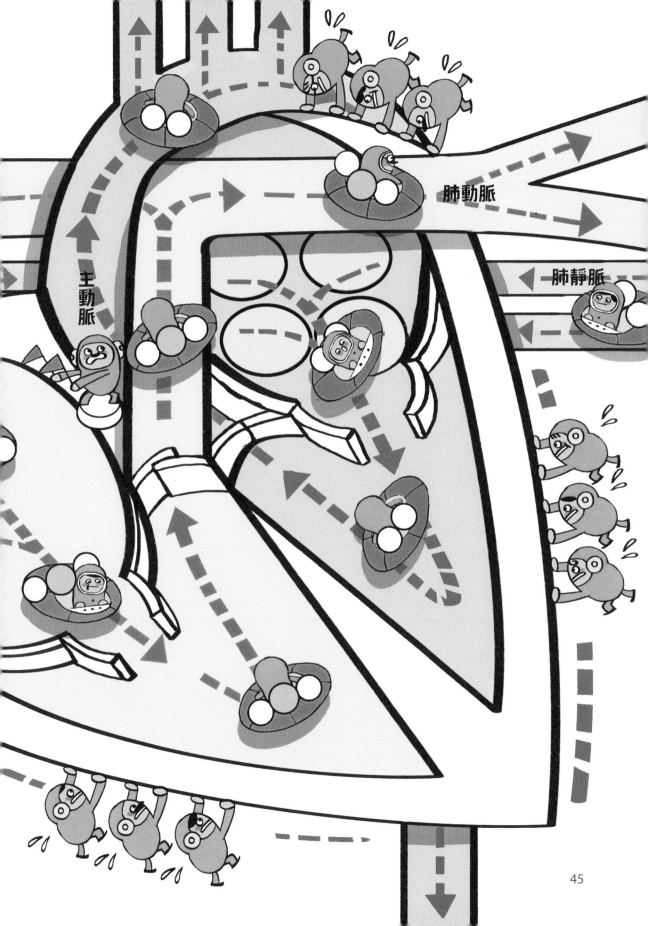

肺動脈

肺靜脈

主動脈

大隊，看看到底是誰在裝神弄鬼。

　　經過幾天的觀察，姊妹市的能源傳送中心果然有雜音傳出，但是半個鬼影也沒瞧見。整起事件陷入膠著，為了突破僵局，巴市長建議姊妹市澈底檢查心臟能源傳送中心。

　　「啊！我們終於找到是誰在裝神弄鬼了！」看到檢查報告，巴市長像尋獲寶物一樣大叫。

　　心臟能源傳送中心進行收縮工作時，瓣膜會交替開關，如果應該關閉時沒關緊，造成血液回流；或是應該開啟時無法全開而過於狹窄，加速血流速度，就會出現雜音。

　　這回的鬧鬼風波，全起因於心臟能源傳送中心的二尖瓣關閉時稍有不完全的緣故。

　　「全市加強定期運動及維持規律作息，同時聘請維修心臟能源傳送中心的專家，進行評估處理，應該就能放心了！」巴市長的建議果然奏效。沒多久，姊妹市的心臟能源傳送中心的雜音就不再造成困擾了。不過，以後還是得定期檢查才能夠安心。

　　雖然這回抓鬼大隊立了大功，不過，巴市長和阿強祕書可不想再接任何新任務，因為才幾天的時間，市民信件快塞爆市長信箱了，現在巴市長得熬夜加班，才能回覆完堆積如山的信件呢！

如果想送一份好禮給心臟能源傳送中心，應該送什麼？

謝謝你的體貼！好心食物加上好心情，心臟能源傳送中心就能快樂長久的工作。

該送什麼好禮？

1 櫻桃、薏仁、芹菜、海帶等的「好心食物」

2 炸雞、可樂

3 菸、酒

答案：1

送對禮心情好，Happy Body Go Go Go

市 長 信 箱

親愛的巴市長：
您好！大家都叫我緊張大師，我的心臟常常會怦怦跳，請問，是太緊張？還是我的心臟出了問題呢？

緊張大師：

通常人們不會感覺到自己的心臟跳動，但如果常明顯感到心臟跳動，可能就是心臟出毛病了。例如，心臟怦怦跳得很快（如心悸），或是跳得過慢、跳得不規則等，都會產生不舒服的感覺。

造成這些狀況的少部分原因是心肌缺氧或是無力，大部分原因則是心律不整或是心臟瓣膜異常。

當心臟進行收縮時，介於心房和心室之間的瓣膜（二尖瓣和三尖瓣）就會交替開關。但是，如果二尖瓣脫垂（瓣膜稍寬稍長），無法關緊，或是二尖瓣和三尖瓣狹窄，血液通過困難，心臟就會出現雜音，導致心臟過度負荷，而使人感到心悸或是胸悶。

除此之外，熬夜、咖啡喝太多、菸吸太多、酗酒，或是血壓高沒有控制等，都會使心臟出現不舒服的症狀。簡單來說，平常心臟跳動時，我們是不會有感覺的；但是，當心臟出現毛病時，是會向主人提出抗議的。

心臟怦怦跳不是正常現象，要快去看醫生，這可不是過度緊張喔！

總是從容不迫的巴市長　敬上

第六章

小小兵秀身手

血小板的凝血功能

值日醫生：蘇大成叔叔

「身材沒人家高大……功能沒別人重要……英勇事蹟也比大家少……」

這幾天，血小板修護大隊籠罩著一片低氣壓，白血球警察和紅血球輸送船是這起事件的始作俑者。倒不是他們做了不該做的事，而是他們做了太多了不起的大事，像是英勇擊退細菌怪客、擔任巴第市的親善大使等。同屬血液系統的一分子，血小板修護大隊的工作人員覺得自己只是一個小小兵。

血小板修護大隊的任務

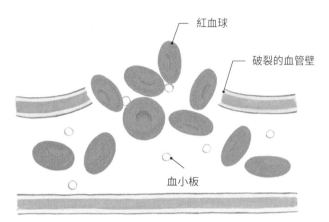

紅血球

破裂的血管壁

血小板

■ 破裂時，紅血球流出。

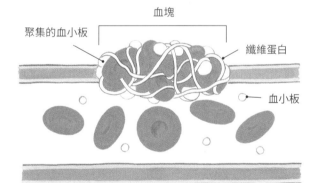

血塊

聚集的血小板

纖維蛋白

血小板

■ 血小板在極短時間內聚集，加上纖維蛋白的幫助，
將紅血球和白血球纏繞起來，可形成血塊，以堵住
破裂的血管壁。

血小板修護大隊的個頭很嬌小，只有紅血球輸送船的 1/3。此外，他們平常做的事少，所以認為自己對巴第市的貢獻不大。

但是，真實的情況並非如此。雖然血小板修護大隊沒有紅血球輸送船忙碌，也沒有白血球警察英勇，但是，當血管運河潰堤時，就是他們大顯身手的機會了。因為，一旦血液河水大量流失，造成水位下降，紅血球輸送船就會偏離航道而損失，另外，利用血液運河執行巡查業務的白血球警察也會損失部分成員。到時，城市的運

作就會停止呢！所以，如果人體城市少了血小板修護大隊，就岌岌可危囉！

「千萬別看輕自己，你們的重要無人能比！」巴市長不停的提醒血小板修護大隊「要知道自己是與眾不同的」，希望大夥兒重拾信心。不過，血小板修護大隊還是認為自己很卑微。

「緊急情況！耳朵雷達站附近的皮膚保護牆發生破裂，請血小板修護大隊儘速前往處理！」大腦市政府向血小板修護大隊下達一道緊急命令。

雖然士氣低落，但接到命令後，血小板修護大隊的工作人員仍然在最短的時間內，整裝前往事發地點。通常，運河血管破裂時，血小板修護大隊會在極短時間內，招聚鈣離子和一系列凝血因子，加上纖維蛋白，形成堅韌的絲網，將血管中的紅血球、白血球纏繞起來，形成血凝塊，堵住破損部位。血凝塊會隨著時間越來越堅硬，破損的部位也會形成新組織，填補血管缺損的部位。

　　「呼叫血小板修護大隊，右小腿區的微血管小運河發生潰堤，請儘速前往處理。」「進行市容整修工作時，器材使用不慎，造成眼睛觀測站上方的保護牆破損，請儘快前去修補。」接二連三的事件讓血小板修護大隊忙得不可開交，同時也讓市民見識到他們了不起的修補技術。對於血小板修護大隊的表現，市民們給予高度肯定。聽到大家的感謝和讚許，血小板修護大隊工作時更起勁了，低落情緒也似乎一掃而空。

　　「現在，你們終於知道自己的重要性了吧！」巴市長對於修護大隊的工作人員找回自信，感到相當欣慰，「認清、肯定自己的優點，才是最重要的！」

　　誰說個子小、沒有英勇事蹟不起眼，其實，就算只是小小兵，大展身手時也會令人刮目相看呢！

市 長 信 箱

親愛的巴市長：
您好！我是因跌倒受傷的小月，請問為什麼受傷流血對身體會有影響？身體有什麼防止血流不止的好方法嗎？

小月：

你可千萬不能小看受傷流血這件事，如果流失大量血液，會對生命造成威脅喔！因為血管要運送氧氣和養分，必須靠足夠的血流量。而血流量要夠，則必須靠充足的血液容量和有效率的心臟，才能把血液推送到全身。一般來說，我們人體的血液容量大約是體重的 8%，成年男人全身有 5 到 6 公升的血液，女人則有 4 到 5 公升的血液。

正常情況下，心臟每分鐘要推送 5 公升左右的血液到全身，才能產生血液循環的效果。心臟推送血液，對血管產生的力量，就是所謂的「血壓」。如果心臟衰竭、血管阻塞、因藥物發生過敏性休克，或敗血症等造成血液流量不足，血壓和血流下降到某個程度時，氧氣和養分便到不了我們身體的器官，就會導致缺血及缺氧。

「失血」是造成血壓及血流不足的常見原因。所以，如果身體流血時，必須立即止血，而體內的血小板和一系列的凝血因子就是主要的止血幫手。

日常生活中小心行事，才能保護好身體，健康快樂的生活喔！

每天小心不受傷的巴市長　敬上

第七章

姊妹市的
募款活動

神經系統

值日醫生：徐明洸叔叔

「號外！號外！」

一則從姊妹市傳來的消息，震驚了整座巴第市：「姊妹市最近準備向其他人體城市積極募款！」「怎麼會這樣？難道出了什麼狀況？」不尋常的募款活動，讓巴市長相當擔憂。基於兩市友好情誼，姊妹市發生任何困難，巴第市都不能袖手旁觀啊！

經過旁敲側擊調查後，巴市長終於知道了募款事件的真相。原來，最近姊妹市的市區範圍擴增不少，姊妹市市長擔心全區的通訊網「神經系統」無法配合擴大訊息傳送的範圍，所以才打算募款籌建新的通訊系統。

　　「哎呀！你瞎操心了！」面對姊妹市市長的憂慮，巴市長真是又好氣又好笑。「只要保護好神經通訊網，無論城市面積怎麼擴張，傳送訊息的功能還是嚇嚇叫的！」

　　為了確實掌握人體城市各區的最新動態，每座人體城市都有強大的神經通訊網。它能以最快每秒 100 公尺的速度傳遞訊息，除了接收外界資訊，也傳送訊息，以協助各器官部門能夠協調運作。

　　神經通訊網包含兩大通訊網路，一個是「中樞神經系統」，另一個是「周邊神經系統」。中樞神經系統由大腦市政府和脊髓訊息中心共同負責，專門接收和整合周邊神經系統從城市四周取得的資訊，協調全市各部門的運作。

　　聽了巴市長的建議後，姊妹市市長決定打消研發新通訊網的念頭，不過，有人不認同巴市長的看法。「神經通訊網真的這麼棒？難道都不會出差錯嗎？」在好奇心的驅使下，有人想測試看看神經通訊網的功能。

　　「緊急報告！有不明物體在巴第市東南方的皮膚保護牆上爬行，請儘快處理！」幾乎是同步的速度，當不明物體出沒時，神經通訊網已經把最新訊息傳到了大腦市政府。

「眼睛觀測站請即刻查明是什麼東西，必要時請右側手臂區執行驅離動作。」應變的指令也在極短時間內下達完畢。

周邊神經系統有兩個工作單位，一個是感覺神經系統，另

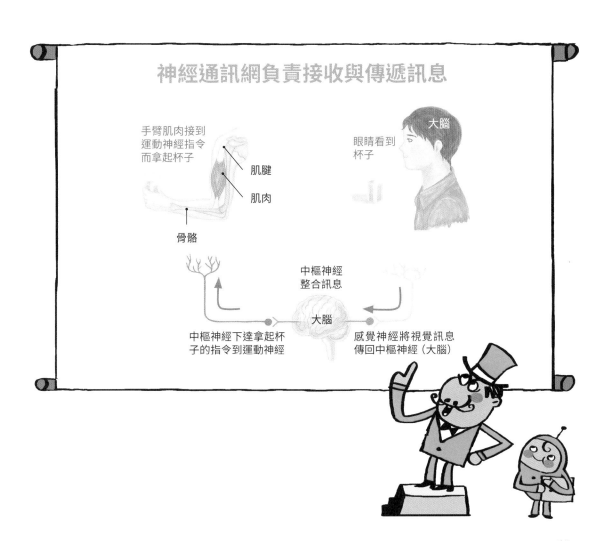

神經通訊網負責接收與傳遞訊息

手臂肌肉接到運動神經指令而拿起杯子

肌腱

肌肉

骨骼

眼睛看到杯子

大腦

中樞神經整合訊息

大腦

中樞神經下達拿起杯子的指令到運動神經

感覺神經將視覺訊息傳回中樞神經（大腦）

一個是運動神經系統。感覺神經系統接收到外界的資訊後，會立刻傳遞到中樞神經系統。當中樞神經系統接收到這些訊息後，會非常快速的進行判斷和整理，之後再發出指令，透過運動神經系統傳遞到各個器官部門，執行各種應變行動。

透過神經通訊網不漏接任何訊息的情況下，出現在皮膚保護牆的不明物體在極短時間內就被處理完畢。

「看來，巴市長所言不假！」有意測試神經通訊網的人，對於巴第市如同閃電般的反應力也不得不甘拜下風。

雖然人體城市各種訊息的互通有無全得仰賴神經通訊網，不過，通訊網的工作人員卻一點也不驕傲。因為他們知道，如果少了器官部門的通力合作，再好再快的訊息，也無法成為具體有用的行動。只有團結一條心，所有的任務才能順利執行呢！

不允許行為

| 1 | 在皮膚上拔毛 | 2 | 在皮膚上刻字 | 3 | 在皮膚塗抹物品 |

不法行為藏不了！Happy Body Go Go Go

親愛的巴市長：

您好！我是神經大條的阿吉，大家都說我反應慢半拍，請問，我的神經系統是不是協調不順暢，才會這樣呢？

神經大條的阿吉：

你想知道神經系統是不是協調，得先了解人體神經系統的三種主要功能。第一種功能是將外界或體內發生的變化「感覺」出來，然後把這變化的訊息傳到中樞神經「腦或脊髓」。第二種功能是中樞神經把傳進來的訊息整理之後，做出判斷，並決定下一步怎麼因應。第三種功能是運動神經系統接收到中樞神經的因應指令後，再將動作指令傳到器官，做出反應。這三種功能在 1 天（即 24 小時）之內不停的運作，而且隨時相互協調。

例如，當我們看到桌子上有一杯水（這時是由「感覺神經」將訊息傳遞到「中樞神經」），然後大腦告訴我們要喝水（這是由「中樞神經」整合訊息、判斷、做決定），接著我們就會拿起水杯喝水（這時是動作指令傳到了「運動器官」，產生動作）。如果這三種功能相互協調，完成動作，神經系統應該就沒什麼大問題囉！

其實，反應慢半拍也沒什麼不好，「欲速則不達」，事件圓滿解決，比速度更重要喔！

偶爾也神經大條的巴市長　敬上

第八章

城市觀察報告

肌肉與運動

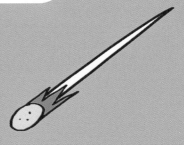

值日醫生：徐明洸叔叔

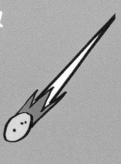

巴市長最近有一個新身分，那就是「人體城市觀察員」。他針對每個人體城市的近況，提出觀察報告，以激勵和促進彼此間的良性競爭。「不少人體城市積極的加強『肌肉彈性防護體』的強韌性，此舉值得其他人體城市留意和學習。」巴市長在最近報告中，記載了關於肌肉彈性防護體的觀察內容。

　　肌肉彈性防護體是人體城市成型的重要組織之一，它負責支撐和保護器官部門，並可協助城市強化機動力。肌肉彈性防護體分布在人體城市不同的部門中。

位於心臟能源傳送中心的肌肉彈性防護體，稱為「心肌」，運作不受大腦市政府的指揮。其他多數器官部門（如「胃食物加工廠」）的彈性防護體，稱為「平滑肌」，也不受大腦的指令控制。唯一聽從大腦市政府指令的是位於骨骼的「骨骼肌」，又稱為隨意肌。

巴市長的觀察報告一出爐，就引起熱烈的討論，連姊妹市市長都來電詢問，該怎麼做才能加強肌肉彈性防護體的強韌度。「想要加強肌肉彈性防護體，唯一的法門就是不停的鍛鍊。」巴市長以巴

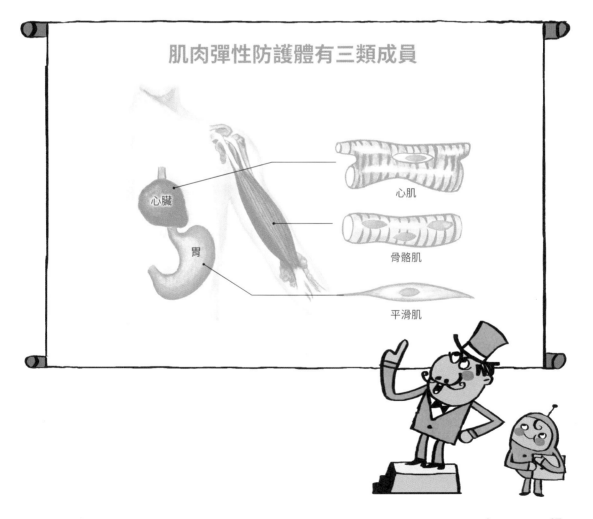

肌肉彈性防護體有三類成員

心臟

胃

心肌

骨骼肌

平滑肌

第市的自身經驗和觀察報告，向姊妹市市長提出建議。

　　在巴市長報告的激勵下，許多人體城市都陷入了瘋狂的訓練活動。不過，鍛鍊計畫執行不久，就陸續傳出其他人體城市的肌肉彈性防護體出現異常情況，最後，連姊妹市都請求協助。

　　「肌肉彈性防護體無法像平日正常運作，請儘快提供解決方案！」姊妹市的求救訊息中，充滿了擔憂和恐懼的情緒。

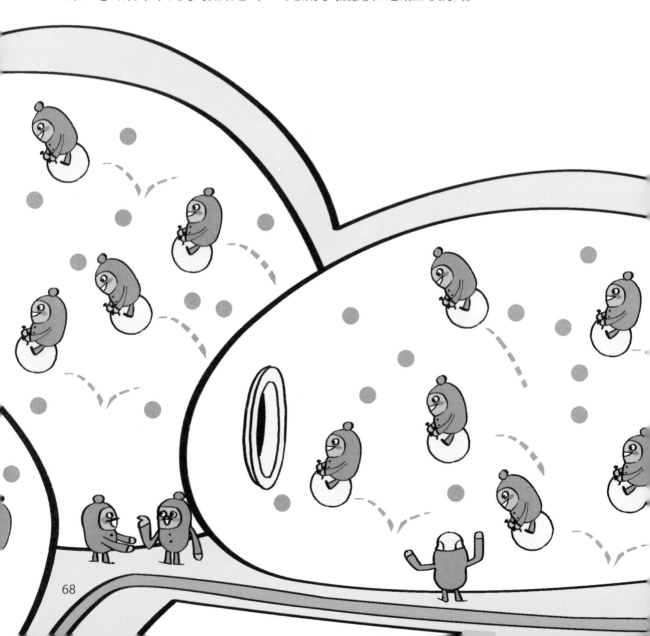

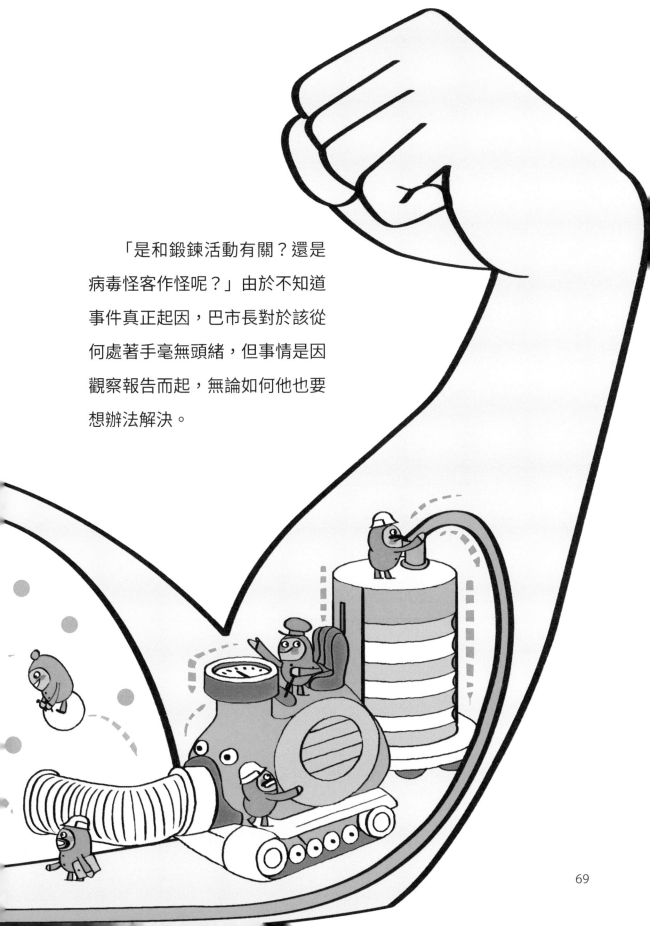

「是和鍛鍊活動有關？還是病毒怪客作怪呢？」由於不知道事件真正起因，巴市長對於該從何處著手毫無頭緒，但事情是因觀察報告而起，無論如何他也要想辦法解決。

於是，巴市長指派阿強祕書進行全盤了解，等弄清楚事件始末，再擬定策略。

「市長，異常反應幾乎都是在劇烈的鍛鍊活動後出現。」阿強祕書調查後，發現了一個重要的關鍵點。

「嗯……我的推斷果然沒錯！」原來，肌肉彈性防護體的異常情況，和先前突如其來的過度操練有關，這跟巴市長之前的推測不謀而合。

肌肉彈性防護體要有充足的能量，才能運作，而能量的主要來源，全仰賴氧氣。通常，肌肉彈性防護體越賣力工作，需要的氧氣就越多，一旦氧氣無法即時充分供應時，運作就會出現異常。不過，只要暫停一段時間運作，一切就會恢復正常。

為了彌補這次的失誤，巴市長連夜趕了一篇新文章，內容是教導正確鍛鍊肌肉彈性防護體的方法。同時，他也呼籲大家不要因為一時挫敗，就打退堂鼓，只要有恆心和毅力，所有的辛勞都會得到回報。

親愛的巴市長：
您好！我是運動力超弱的小丸，每回跑步後，我都會肌肉痠痛，請問，是不是我的腳力太差，才會這樣？

小丸：

別緊張，激烈運動後會有肌肉痠痛的情況，這是正常的現象。運動需要消耗身體的能量，不同的運動，身體消耗的能量來源也不同喔！當我們進行緩和的運動時，會先消耗肌肉內現有的基本能量。這些能量大約可以供給 4 到 6 秒的肌肉運動。如果運動時間加長，身體就會進一步用到肌肉細胞裡的能量，以應付繼續運動的需要。這些能量基本上可以供給 10 到 15 秒的肌肉運動，像是應付跑百米等。

但是，如果我們進行 600 公尺賽跑，肌肉內的現有能量早已經用完了，加上運動量太大，使得肌肉腫脹而壓迫血管，造成攜帶氧氣的血液供給量不足。這時，肌肉內便會缺乏氧氣，而以無氧狀態產生能量，於是就會產生大量的「乳酸」了。當乳酸在肌肉細胞中大量堆積時，我們便會感到肌肉痠痛。

如果我們經常運動，肌肉會變大，力量也會更強。通常肌肉附近的微血管也會增加，以提供更多的氧氣來源，肌肉也就比較不會疲勞、痠痛。但是，如果我們不常運動，肌肉就會萎縮，力氣也會變得更弱喔！

如果想要脫離「肉腳」的行列，請從現在開始，每天持之以恆的鍛鍊你的腳力吧！

勇腳的巴市長　敬上

---- 第九章 ----

歡樂猜謎大會

骨骼的數量

值日醫生：徐明洸叔叔

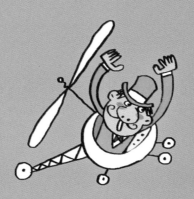

我猜！我猜！我猜猜猜！

領導功力一流的巴市長，為了讓巴第市成為溝通無礙的城市，絞盡腦汁設計了不少新奇的活動。最近，頗受歡迎的活動就是「每日一謎」，在歡樂的猜謎氣氛下，無論是市政內容，還是器官部門的功能，全都完整、透明的呈現。

「重重保護攻不破，心肝寶貝超放心！」這則謎題困擾了大夥

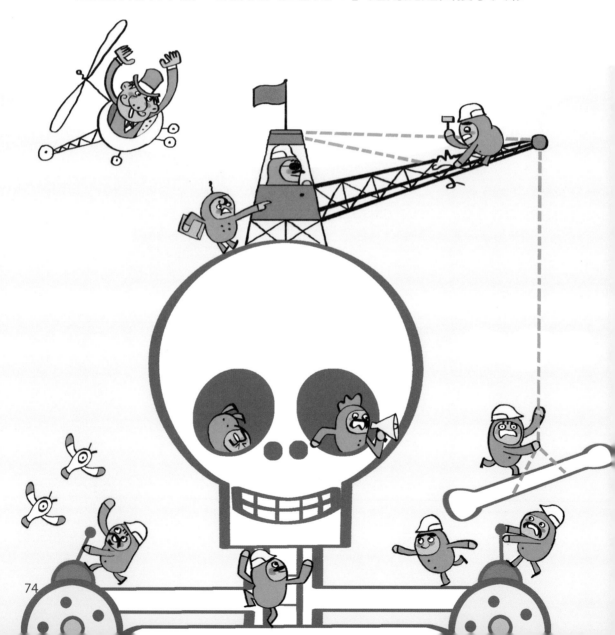

兒好幾天。「是眼睛觀測站嗎？還是心臟能源傳送中心？」幾乎所有的器官部門都快被猜遍了，正確解答還是沒出現。最後，拗不過市民們的請求，巴市長只好破例公布答案：「各位，謎底就是支撐巴第市的鋼骨，名為『骨骼』！」。

一座人體城市擁有 206 塊骨骼。這些骨骼是巴第市得以成形的重要關鍵，如果少了他們，將會像軟趴趴的棉花糖一樣。骨骼除了負有支撐整座人體城市的任務，還肩負保護器官部門的責任，像是

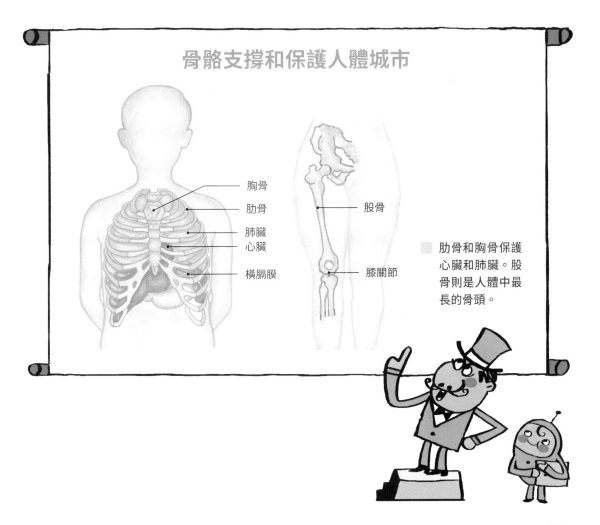

骨骼支撐和保護人體城市

胸骨
肋骨
肺臟
心臟
橫膈膜

股骨
膝關節

■ 肋骨和胸骨保護
心臟和肺臟。股
骨則是人體中最
長的骨頭。

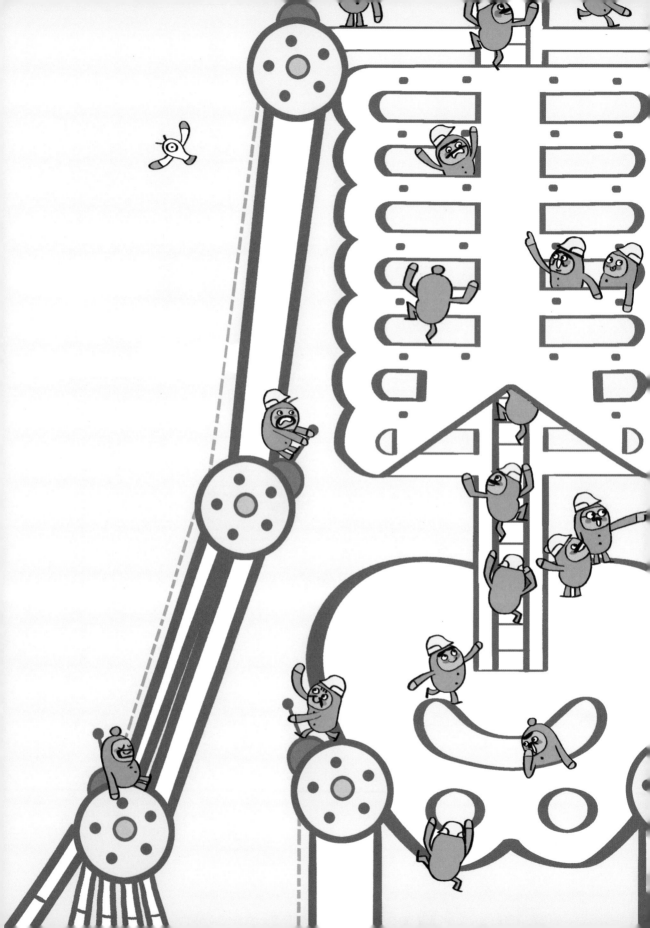

「頭顱骨」維護大腦市政府的安全，「肋骨」和「胸骨」則是心臟能源傳送中心和肺臟空氣處理中心的防護罩。

其他像是位於骨盆腔的骨骼，則擔任大腸廚餘處理公司、小腸營養物流中心，以及衛星城市培育中心「子宮」等的保護工作。

就在超難謎題揭曉，大家對於骨骼有進一步認識後，緊接而來的謎題，簡直就是送分題。「一枝獨秀的硬角色？」「答案是『股骨』！」市民們踴躍回答的情況，和前一個謎題截然不同。

骨骼大小不一，其中最長的就是股骨。除了長短不同，軟硬程度也不同。骨骼主要的成分是鈣、磷等無機鹽類，構造由外而內，分別為骨膜、骨質和骨髓三部分。幾乎大部分的骨骼都是堅硬的硬骨，只有少部分是軟骨。

一連串針對骨骼的謎題，引起市民們的討論和興趣，有人著手認真研究每個骨骼不同之處，有人詳細調查巴第市各處的骨骼，沒想到，就在一窩蜂的「骨骼」熱潮下，居然有了驚人的發現。

「什麼？人體城市興建之初，骨頭有 300 多塊？」「現在巴第市只有 206 塊？難道是遭小偷嗎？」新的發現在巴第市造成不少紛擾，市民紛紛要求巴市長儘快徹查是不是有竊賊入侵巴第市。

　　「沒有小偷，全都是誤會一場！」巴市長除了安撫市民的情緒，也決定攤開真相，避免以訛傳訛，造成市民的恐慌。

　　人體城市在剛建構完成時，的確有超過 300 塊的骨骼；但是，隨著建設逐漸成熟完工，部分骨骼會黏合在一起，最後只剩下 206 塊。

　　市民沒想到骨骼就像神奇的魔術師，數量會由多變少呢！「原來，其中藏了這麼多的學問和奧祕！」巴第市令人驚奇的建設，再一次使人大開眼界。市民們除了讚嘆外，也深信能在這座了不起的城市裡生活，真是最大的幸福！

親愛的巴市長：
您好！我的阿勇，只要天氣一變，我的阿嬤總會嚷著關節痠痛，請問，為什麼會這樣？是因為變老的關係嗎？

阿勇：

你真是孝順的好孫子，要知道阿嬤的關節為什麼會痠痛，得先了解骨骼。人體的骨骼除了支撐身體和保護主要器官，位於手和腳的長骨還負責身體的移動。

當我們在運動時，是靠著肌肉收縮，帶動骨頭移動。為了能讓我們的身體靈活做出各種動作，在骨頭和骨頭的交接處則有「關節」來幫忙。例如，因為有「膝關節」，我們才能蹲或是跳。

手腳的關節主要是由長骨末端、交界面軟骨、韌帶和關節滑液囊所組成，如果長期過度使用，或是因為生病而造成滑液囊和軟骨受損，身體移動時就會引起疼痛。有時，我們會聽到人們說「天氣變，關節就會痛」，這是因為冷天時，人的體溫會降低，使得關節的血液循環不佳，加上軟骨一旦受傷不容易復原，滑液囊也失去緩衝的功能，於是，關節就容易痠痛了。

關節疼痛可不是老人家的專利，如果不好好愛護，你的關節也可能會變成氣象臺──天冷它先知！

努力不讓關節受傷的巴市長　敬上

第十章

怪客入侵
大作戰

淋巴系統

值日醫生：徐明洸叔叔

消聲匿跡好一段時日的細菌怪客，最近動作頻繁。不同於以往的零星攻擊，這回他們不僅召開事前會議，更擬定作戰計畫，「這次，我們絕對要雪恥，把人體城市搞得天翻地覆。」細菌怪客個個摩拳擦掌，準備隨時開戰。

　　衝——衝——衝。攻擊行動全面展開，有些人體城市因為疏忽，受到嚴重破壞，巴第市在驍勇善戰的白血球警察

滴水不漏的防護下，入侵的細菌怪客全軍覆沒。對於市內嚴密的防禦系統，巴市長表現得信心滿滿。

「我不相信沒辦法突破巴第市的防線。」細菌怪客不甘心的說，絕不因一點小挫折而被擊倒。「我看我們就派出破壞力更強、殺傷力指數更高的細菌怪客吧！」經過精挑細選後，曾經成功襲擊巴第市「淋巴結防哨站」的細菌怪客，脫穎而出。

淋巴系統和血液系統一樣，都是人體城市的運輸系統。淋巴系統的工作編制包括了：淋巴結防哨站、扁桃腺守衛隊，以及淋巴球警察。

當細菌怪客入侵人體城市時，淋巴球警察就會挺身而出，奮力作戰。但是，如果對手實力堅強，淋巴結防哨站就會被攻陷。

雖然上回細菌怪客無功而返，但是，巴市長也不敢掉以輕心，除了要求白血球警察加強巡邏外，還將細菌怪客可能出沒的各個入口，例如口腔食物進口中心、鼻腔空氣檢查哨等都列成了警戒重點區域。

「絕對不能讓細菌怪客有捲土重來的機會！」巴市長心想。不過，在巴第市草木皆兵的情況下，細菌怪客也正祕密籌畫第二回的攻擊。

「開戰！」一聲令下，第二波攻擊行動正式發動！細菌怪客對這次行動信心十足，憑藉著之前輝煌的紀錄，這次攻勢更為猛烈。原本以為這回行動萬無一失，不料，幾個回合對戰後，細菌怪客依然慘敗。「這怎麼可能？」細菌怪客無法置信，澈底檢討原因後，

找出了落敗的關鍵。

　　原來，針對曾經入侵巴第市的特定細菌怪客，淋巴球警察會將之前交手的防禦方式，詳細記錄在檔案中，並製造出對抗這種細菌怪客的武器「抗體」。等被鎖定的細菌怪客再度入侵時，淋巴球警察就可不費吹灰之力，火速將他們解決。

　　攻擊行動再次受挫，重重打擊細菌怪客的信心，人體城市如同銅牆鐵壁般的防禦系統，讓人大開眼界。「一定有成功襲擊的方法！」細菌怪客決定從長計議，繼續策畫下回的攻擊計畫。

　　接二連三的抗敵行動，讓巴第市的市民們消耗不少精力，不過，這和保衛家園比起來，根本不算什麼。面對細菌怪客的大反擊，這一戰打得漂亮，但大夥兒都知道，攻擊的行動還沒畫上句點，只有萬全的準備，才能繼續過著幸福安全的生活！

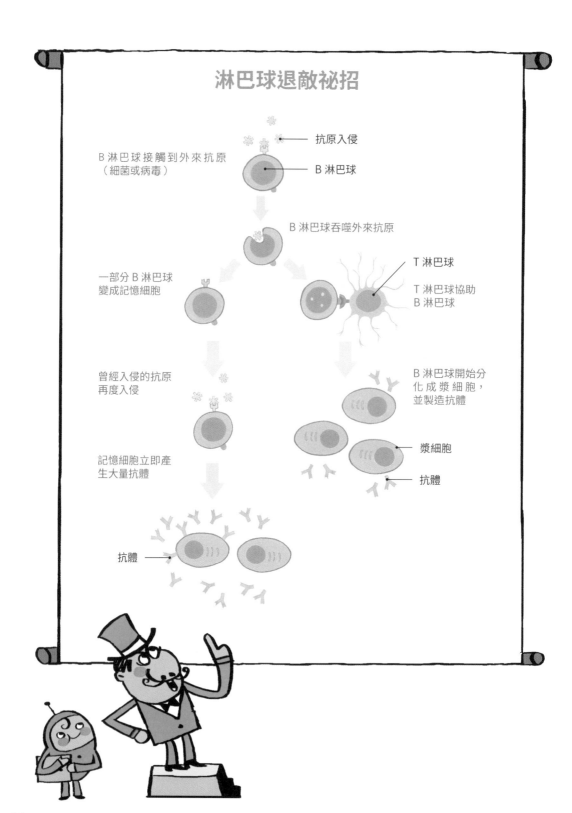

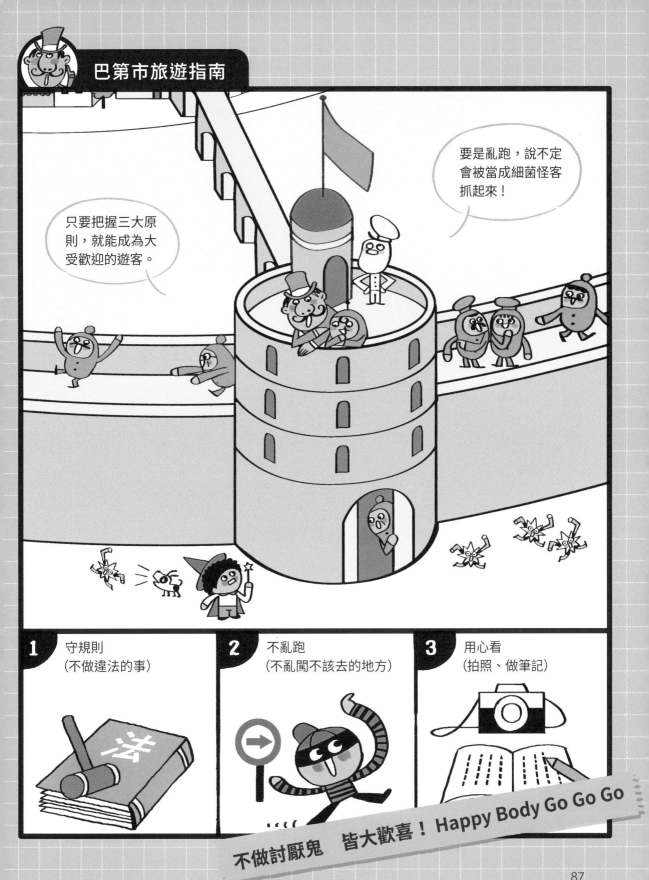

親愛的巴市長：
您好！我是喜歡追根究柢的阿福，請問，人體的淋巴球為什麼這麼厲害，它們是不是有什麼對付病毒的好方法？

阿福：

你的猜測一點都沒錯喔！人體內的淋巴球，主要分為「B 淋巴球」和「T 淋巴球」兩種。B 淋巴球負責製造抗體，吞噬入侵的細菌或外來的病毒（又稱為抗原）。T 淋巴球則負責破壞體內不正常的細胞，例如被病毒或細菌感染的細胞、癌細胞等。有時經由輸血或是器官移植而來的外來細胞，淋巴球也會把它們當成敵人，破壞它們。

一般來說，B 淋巴球接觸抗原後 3 到 6 天，人體就會產生抗體，到了第 10 天左右，體內的抗體量會達到最多。其中有一部分淋巴球會記得曾經被抗原刺激的「經驗」，因此又名為「記憶細胞」。當記憶細胞下次再遇到同樣的抗原時，就會立即啟動細胞複製和分化，在 2 到 3 天內，快速產生大量抗體。

疫苗就是利用記憶細胞的這種特性來製作的。方法是減低活病毒（細菌）的毒性，或利用死病毒（細菌）製成疫苗，注射到人體裡，讓人體先記得這些病毒（細菌）的特徵，等到下次真的有病毒（細菌）入侵，人體就可以快速產生抗體來消滅它們，預防疾病了。

所以，淋巴球的退敵祕招就是記住敵人特徵，知己知彼才能百戰百勝喔！

也擁有不少退敵妙招的巴市長　敬上

第十一章

巴第市的誕生

細胞的各種類型

值日醫生：徐明洸叔叔

「什麼？我？」當阿強祕書聽到巴市長指派他負責市慶籌備工作時，他驚訝得下巴都快掉了下來。

　　市慶是巴第市的年度大事，所以巴市長特別交待要好好舉辦。「我對你有信心，你絕對是不二人選！」看著巴市長堅定又驕傲的眼神，本來有些猶豫的阿強祕書，只好勉為其難的接受。

　　行政區花車遊行？扮裝嘉年華？狂歡派對？阿強祕書腦袋裡閃過不少點子，不過，沒一個讓他滿意。「歡樂又有意義？嗯……到底該辦什麼活動呢？」

BIRTHDAY

為了設計別出心裁的市慶活動，阿強祕書絞盡腦汁，也翻閱了不少以前的資料，就在腸枯思竭時，一張歷史照片給了阿強祕書絕佳的點子……

巴第市是人體城市的優良典範，市民們都引以為傲，但大家對於巴第市從無到有的建造、前人篳路藍縷的辛苦，卻一知半解。阿強祕書決定透過這次的市慶活動，讓市民們懂得飲水思源，也珍惜現在得來不易的成就。「找你準沒錯！這個點子棒透了，你快著手

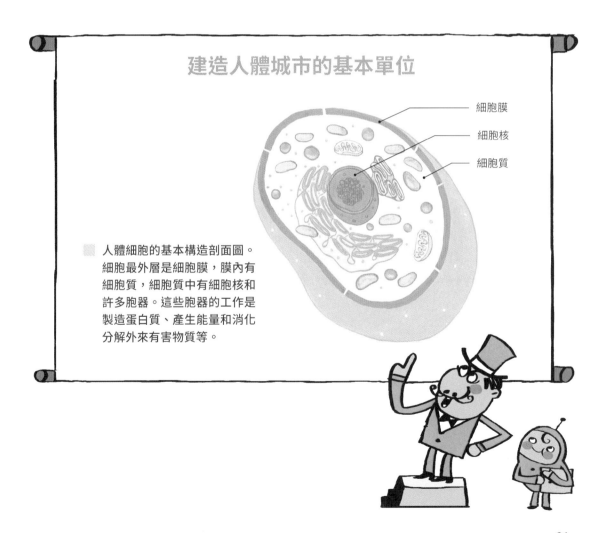

建造人體城市的基本單位

細胞膜

細胞核

細胞質

人體細胞的基本構造剖面圖。細胞最外層是細胞膜，膜內有細胞質，細胞質中有細胞核和許多胞器。這些胞器的工作是製造蛋白質、產生能量和消化分解外來有害物質等。

進行吧！」有了巴市長的稱讚，阿強祕書就像吃了定心丸，他要大展身手囉！

如何讓枯燥的發展歷史變得有趣呢？在試了幾種方法後，阿強祕書決定拍攝模擬影片，重現巴第市從無到有的經過。

「細胞」是建造人體城市的基本單位，一座人體城市裡，有非常多的細胞。這些細胞有各自的功能和作用，長相也並非完全一樣，如果沒有它們，任何建設都無法成形。

細胞的構造可分為三個部分，分別是細胞膜、細胞質和細胞核。細胞膜負責保護細胞，具有無數個小通道，以篩選進出的物質，確保細胞的健康和安全。物質通過細胞膜後，進入細胞質，在這裡轉變成細胞能夠運用的材料和能量。細胞核則是細胞的控制中心，在人體城市興建時，它除了維持負責細胞正常運作，還指揮細胞正確分裂成更多細胞。

當市民們從影片中了解巴第市是從一顆小細胞建造起時，都驚訝不已。不過，一顆小小細胞，如何發展成現在分工精細、各司其職的優秀部門呢？

原來，龐大的人體城市是靠細胞分裂出眾多細胞而建構完成的。通常，細胞成熟後就進行分裂，剛分裂的細胞全長得一模一樣，就像是複製品。細胞分裂的速度相當快，短時間內，就能達到驚人的數量。

一段時間後，原本長得一模一樣的細胞，會出現驚人變化。他們不只形狀改變了，連特性和肩負的任務也變得各不相同。有圓圓胖胖的「脂肪細胞」，為人體城市儲存糧食、緩衝外力撞擊；有像甜甜圈形狀的「紅血球細胞」，負責輸送氧氣；也有一束一束可收縮和伸展的「骨骼肌細胞」，協助人體城市執行各項行動。還有，可拉長 1 公尺，像一條長尾巴，以方便快速傳遞指令的「神經元細胞」。在人體城市裡，細胞模樣將近有兩百種類型。

　　目標相同的細胞會互相團結，共同組成「巴第市」的各個器官部門；功能相同的器官部門則集合在一起，形成各個不同的系統區，巴第市就是在清楚的層層分工下建構而成的。

　　從小小細胞到分工精細的人體城市「巴第市」，需要花費將近一年的時間，而日復一日，年復一年的運作，也讓巴第市的發展更趨成熟。

　　今年的市慶，除了有歡樂的氣氛外，還多了感恩的心，見證巴第市的過去，讓許多市民非常感動。原來，巴第市輝煌的成就得來不易，有過去的努力和現在的堅持。巴市長、阿強祕書和市民們都為巴第市許下了生日願望，未來的日子，大家要更用心打拚，努力將巴第市打造成一座更團結合作的人體城市。

建造巴第市的各種細胞

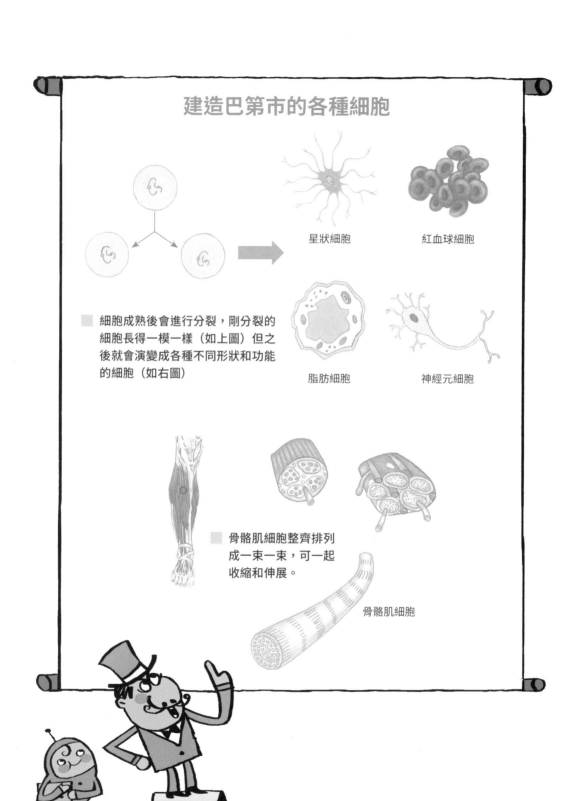

星狀細胞

紅血球細胞

■ 細胞成熟後會進行分裂，剛分裂的
細胞長得一模一樣（如上圖）但之
後就會演變成各種不同形狀和功能
的細胞（如右圖）

脂肪細胞

神經元細胞

■ 骨骼肌細胞整齊排列
成一束一束，可一起
收縮和伸展。

骨骼肌細胞

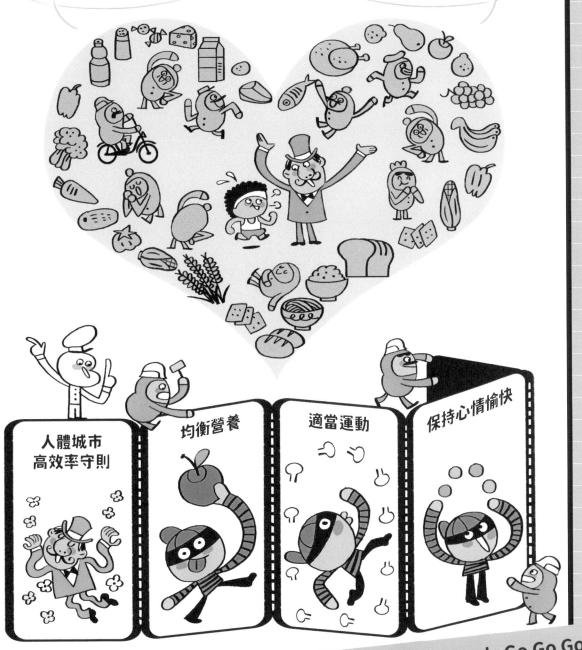

市 長 信 箱

親愛的巴市長：
您好！我是身材有點微胖的圓仔，老師說，細胞是人體組成的基本單位，請問，是不是因為我身體裡的細胞比較多，所以，身材才比較胖呢？

圓仔：

你的問題很有趣，相信很多身材圓圓、胖胖的人都跟你有相同的疑惑。細胞是身體最基本的單位，人體的五官、四肢、內臟等都是由一個一個細胞所組成，它們就像蓋房子的水泥中的砂粒，雖然細小，但相當重要。不同種類的細胞，大小不同，人體最小的細胞是紅血球，因為它要穿梭在身體各處輸送氧氣。每個紅血球大約是 5 微米，如果 1000 個紅血球排成一排，大約是小朋友的半個小手指大小。

人體的細胞數量到底有多少呢？每個人體內的細胞數量大約有 60 兆個，也就是 6 的後面加 13 個零，這個數字很驚人吧！目前地球人口總數量大約是 60 億，所以，人體細胞的總數量就相當於 10000 倍的地球人口數。

身材比較胖的小朋友，如果吃得超過身體所需，會使脂肪細胞的數目增加，而囤積較多脂肪；加上身體在發育階段，脂肪細胞數目也會因此增加，同時體積變大，等到長大後想要瘦，那可不容易。圓仔，小時候胖，長大後真的會胖喔！

努力維持健康身材的巴市長　敬上

第十二章

最熱門的暢銷書

健康生活的好習慣

值日醫生：徐明洸叔叔

　巴市長嘔心瀝血的著作完成了！

　領導巴第市一段不算短的時間，整體表現有目共睹，不僅贏得
四面八方的掌聲，巴第市更是人體城市中的佼佼者。許多城市都以
巴第市為標竿，而巴市長管理市政的經驗更被奉為圭臬。「應該把
巴第市的經驗寫成書！」、「獨樂樂不如眾樂樂！」在大家的殷切
期盼下，詳細記載巴第市市政點滴的《健康‧活力‧巴第市》一書

終於出版了。

　　如何讓人體城市有優良表現呢？書中一開頭，巴市長就開宗明義表示，只要送入正確的食物，目標就達到了 50% 以上。「大家千萬別小看食物的重要性，送錯食物可說是後患無窮呢！」巴市長以過來人的身分，提出中肯的建議：「五色蔬菜加水果，天天開心不發愁！」

　　食物是人體城市持續正常運作的重要關鍵，有些供應能量，有些促進新陳代謝，有些則是器官部門成長茁壯的必需品。不同的食物有不同的營養素，人體城市要運作順利，醣類、脂肪、水、蛋白質、礦物質和維生素等營養素，缺一不可。由於它們分布在不同的食物中，如果人體城市只偏好送進某些食物，相當容易造成城市所需的營養物質不均衡，部分器官部門的運作就會受到影響。

　　《健康‧活力‧巴第市》一推出，很快就登上暢銷書排行榜的榜首，讀者的來函如雪片般飛來。為了不讓大家失望，巴市長儘可能抽出時間回覆。

　　「咦？加強人體城市的活力，似乎是大家最感興趣的話題。」看完堆積如山的信件，巴市長歸納出一個重點。

　　想要建立一個活力充沛的人體城市，除了市民們必須保持愉悅心情外，適度的強化機動力──運動，也相當重要，因為它能加強器官部門運作。此外，市民們如果都能維持正常的起居作息，還能夠減緩城市老化。不同的器官部門，各有適合的訓練活動，不論從

事哪種活動，必須做好事前準備和掌握適量的原則，不然一不小心，會弄巧成拙，造成傷害呢！

「是不是達成健康和活力兩個條件，就能像巴第市一樣呢？」「哈！恐怕還不夠喔！」面對讀者們心急的詢問，巴市長要大家耐住性子，因為在書本後半段，揭露了成功經營巴第市的重要關鍵，那就是定期全市大體檢。

由於部分業務執行得不順暢，或是器官部門異常運作，並不會在第一時間被察覺，因此，只有透過例行檢查，才能及早發現，而

且即時掌握黃金治療期，也才能避免釀成無法收拾的局面。許多人體城市為了省麻煩，常常都忽略了這項祕訣。

　　雖然，巴第市是人體城市中的模範生，但是，巴市長並不以此為滿足；他心裡有個小願望，就是傳承巴第市的經驗，讓各個城市都成為優良城市。他更期盼書裡的小祕訣，能夠具體落實在人體城市的每日生活中，大家共同攜手，一起擁有快樂、幸福的生活！

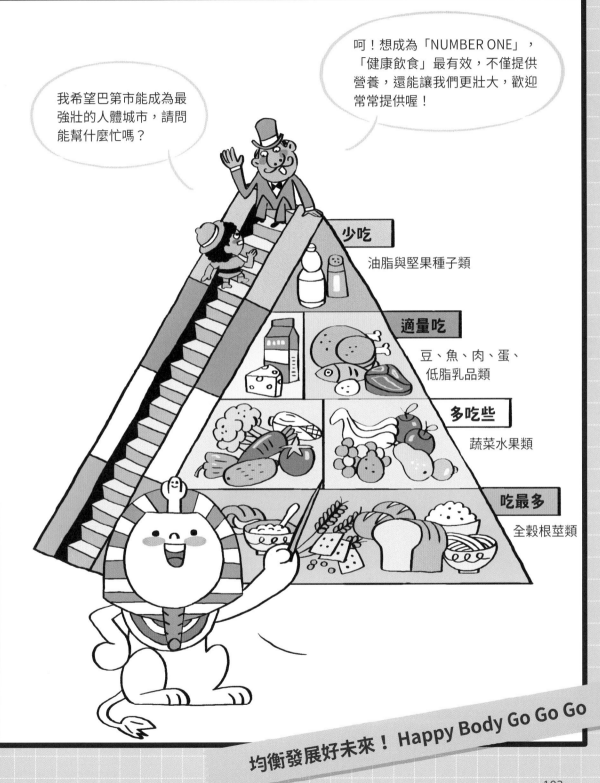

親愛的巴市長：
您好！我是想長得像大樹一樣，又高又壯的小揚，請問，我每天吃什麼比較好呢？

小揚：

想達成你的願望，一點都不難，只要你吃對東西。人體必須吸收營養素，才能夠生長發育和維持健康，而營養素的來源就是食物。一般來說，食物中所含的營養素包括：醣類、脂肪、蛋白質、維生素、礦物質和水。依照這些營養素特性，食物又可分為六大類，分別是：全穀根莖類、豆魚肉蛋類、低脂乳品類、蔬菜類、水果類以及油脂與堅果種子類。

全穀根莖類食物如米飯、麵食、馬鈴薯等，提供我們身體所需要的醣類，是熱量產生的主要來源。豆魚肉蛋類食物提供蛋白質、部分脂肪、維生素和礦物質。低脂乳品類食物如牛奶和乳製品，提供蛋白質、醣類、脂肪、鈣質和充足的維生素 B2 等。蔬菜類食物則可提供維生素、礦物質和水分；水果類食物除了提供醣類，也可提供維生素和礦物質。

此外，身體所需要的脂肪，可從動物和植物中攝取。動物性脂肪來源以肉類為主，另外還有魚、蛋、乳品類。植物性脂肪來源則以堅果和植物油為主。特別一提的是，脂肪裡有一種成分，稱為「膽固醇」，是人體細胞組成的重要成分，不能缺少。但是膽固醇如果在體內堆積太多，也容易出現腦部和心臟血管的疾病。

有一句話說：「你怎麼吃，就決定你的健康和身材」，由於吃進去的食物，都會成為人體細胞生長的材料，並且取代毀壞的組織，因此正常均衡的攝取食物，才能吃出健康喔！

健康不偏食的巴市長　敬上

●● 少年知識家

巴第市系列 3：怪客入侵大作戰

作者｜施賢琴、張馨文、羅國盛、徐明洸、林伯儒、蘇大成、吳明修、何子昌、
　　　陳羿貞、王莉芳、蔡宜蓉
繪者｜蔡兆倫、黃美玉

責任編輯｜楊琇珊
封面設計｜初雨設計
內頁版型設計｜蕭華
內頁排版｜中原造像股份有限公司
行銷企劃｜李佳樺

天下雜誌群創辦人｜殷允芃
董事長兼執行長｜何琦瑜
媒體暨產品事業群
總經理｜游玉雪
副總經理｜林彥傑
總編輯｜林欣靜
行銷總監｜林育菁
主編｜楊琇珊
版權主任｜何晨瑋、黃微真

出版者｜親子天下股份有限公司
地址｜台北市104建國北路一段96號4樓
電話｜（02）2509-2800　傳真｜（02）2509-2462
網址｜www.parenting.com.tw
讀者服務專線｜（02）2662-0332　週一～週五：09:00~17:30
傳真｜（02）2662-6048　客服信箱｜parenting@cw.com.tw
法律顧問｜台英國際商務法律事務所・羅明通律師
製版印刷｜中原造像股份有限公司
總經銷｜大和圖書有限公司　電話：（02）8990-2588

出版日期｜2014年10月第一版第一次印行
　　　　　2024年5月第二版第一次印行
定價｜330元　書號｜BKKKC270P
ISBN｜978-626-305-856-9（平裝）

國家圖書館出版品預行編目(CIP)資料

怪客入侵大作戰：人體城市的交通中心：心臟.神
經.肌肉/施賢琴，張馨文，羅國盛，徐明洸，林伯儒，
蘇大成，吳明修，何子昌，陳羿貞，王莉芳，蔡宜蓉作；
蔡兆倫，黃美玉插圖. -- 第二版. -- 臺北市：親子天下
股份有限公司, 2024.05
104面 ; 18.5×24.5公分. -- (巴第市系列 ; 3)
ISBN 978-626-305-856-9(平裝)

1.CST: 人體學 2.CST: 醫學 3.CST: 通俗作品

397　　　　　　　　　　　　　　　113004673

訂購服務 ─────────────────────────
親子天下 Shopping｜shopping.parenting.com.tw
海外・大量訂購｜parenting@service.cw.com.tw
書香花園｜台北市建國北路二段6巷11號　電話（02）2506-1635
劃撥帳號｜50331356　親子天下股份有限公司

立即購買 >